Hello, happy to see you here.
I'm BB, aka Bead Baby.

Practicing is the key to a better Abacus skill.

You can practice your abacus and mental math skills with all the exercise books we prepare for you.

1 Digit Exercises

Go! Go! Go!

For information address PinGrow Media, contact@pingrow.com

ISBN-13: 978-1-949622-09-6

Visit www.pingrow.com

1 digits 6 numbers

1	2	3	4	5	6	7	8	9	10
9	4	4	7	7	9	3	5	5	6
1	7	6	3	1	7	6	2	-4	-3
8	7	-8	-8	9	-3	6	2	8	1
-5	-5	9	6	-1	-5	4	-3	5	6
-1	-8	5	9	-3	-1	7	5	6	6
6	4	-2	5	8	8	-9	4	-2	-2

11	12	13	14	15	16	17	18	19	20
3	8	5	9	2	4	7	7	4	8
-2	-4	-3	9	2	-1	2	1	5	9
9	1	-1	-4	6	2	1	5	7	-6
-4	7	2	8	8	-3	9	-4	4	3
6	-6	3	3	9	-1	-8	3	-1	6
9	5	5	-7	-7	6	-3	-2	-2	6

21	22	23	24	25	26	27	28	29	30
9	4	1	7	3	5	8	5	4	7
4	8	9	-3	8	7	2	9	6	-5
8	1	8	-4	8	2	9	1	4	3
-7	-7	-7	7	-6	-8	5	1	-9	8
-3	9	8	9	4	9	9	4	8	2
6	5	6	-8	-7	9	-1	-3	2	-4

1 digits 6 numbers

1	2	3	4	5	6	7	8	9	10
5	4	8	5	4	8	9	8	6	3
4	5	4	4	5	5	-1	5	7	2
8	5	6	8	4	2	9	8	-8	-1
-1	-7	-9	2	-1	5	6	-4	4	5
-7	-6	3	3	-2	2	-5	-5	5	9
8	2	6	-7	4	-9	-3	3	3	2

11	12	13	14	15	16	17	18	19	20
2	9	5	8	1	7	9	8	5	8
8	4	5	6	5	-6	8	9	-1	-4
6	-7	-9	-9	-3	9	-6	8	4	5
-9	2	9	7	9	8	4	-7	-2	8
4	2	4	6	-2	2	9	-3	5	2
8	6	4	5	9	8	4	9	3	9

21	22	23	24	25	26	27	28	29	30
5	8	7	4	9	7	1	2	5	5
2	8	1	9	-1	8	6	6	2	9
6	-7	6	3	7	7	5	-3	6	1
9	-3	5	-8	2	-3	3	9	-4	9
-8	9	-3	9	-8	-6	-7	-7	-7	-4
4	5	8	9	7	-3	-5	-1	5	2

1 digits 6 numbers

1	2	3	4	5	6	7	8	9	10
3	1	5	5	6	9	5	8	4	4
9	7	9	9	8	8	9	-2	7	8
8	-6	-8	7	4	7	-7	6	-8	5
-6	7	1	9	8	3	6	8	4	7
9	3	6	-6	-7	4	3	-1	9	-9
7	-5	-4	7	4	3	-2	7	-6	6

11	12	13	14	15	16	17	18	19	20
4	6	9	3	5	5	9	8	4	1
4	7	7	6	6	-2	-4	9	9	7
8	-8	9	-8	-2	6	6	-7	-6	7
5	9	-6	3	8	9	-5	-4	2	-2
6	4	8	5	6	1	1	1	1	4
6	-2	8	-2	9	8	4	9	9	-5

21	22	23	24	25	26	27	28	29	30
3	8	5	7	2	5	6	5	2	7
7	1	-1	5	7	7	8	-1	5	-3
2	3	8	4	1	6	-4	2	4	9
6	4	2	3	4	7	-7	5	8	-8
-9	-9	5	2	-8	-2	9	-3	-9	4
-4	6	-9	-8	3	-6	9	8	8	9

1 digits 6 numbers

1	2	3	4	5	6	7	8	9	10
5	9	5	8	6	8	7	9	9	5
9	-3	7	5	7	9	7	7	5	8
6	1	8	-4	1	5	3	-5	9	2
-8	6	5	1	5	3	-9	-4	-8	-4
1	4	-9	2	-8	-7	-8	6	3	8
-3	-8	3	2	5	1	7	3	6	9

11	12	13	14	15	16	17	18	19	20
5	1	7	9	6	9	5	5	5	5
-1	4	9	-1	8	2	5	-1	5	7
8	8	3	-1	2	4	-8	5	8	1
5	1	-5	9	-7	-8	9	8	-7	1
4	8	9	-8	-5	9	6	5	-9	9
4	-3	8	2	1	5	7	9	1	-2

21	22	23	24	25	26	27	28	29	30
9	9	6	8	5	9	8	6	9	5
6	1	7	6	9	8	9	-4	8	7
2	9	-2	5	9	-4	8	6	5	3
-7	7	-8	-3	-6	-4	-7	7	-6	-4
3	-8	7	-6	8	7	-1	8	9	-2
8	6	6	9	5	2	-2	3	-3	8

1 digits 6 numbers

1	2	3	4	5	6	7	8	9	10
6	3	5	4	5	6	4	2	9	6
5	1	9	9	8	8	6	9	1	-2
9	7	-6	8	-1	3	7	1	7	8
-7	9	8	2	-3	-7	5	3	-4	-4
8	9	7	5	2	-1	-3	8	-3	8
6	-8	3	-6	9	4	8	8	6	7

11	12	13	14	15	16	17	18	19	20
8	9	8	8	8	6	3	4	9	7
3	2	4	5	1	5	7	3	2	7
4	1	7	7	9	-3	4	-2	3	6
7	-4	-6	-6	-7	4	4	6	-8	4
2	5	-2	8	8	7	8	7	1	-9
9	5	7	5	-1	8	9	3	-3	1

21	22	23	24	25	26	27	28	29	30
5	6	9	3	3	8	3	3	7	5
7	9	8	9	9	-2	8	9	7	-1
2	3	-3	4	2	7	1	4	9	5
8	-7	-2	5	9	1	7	2	-8	-3
-6	2	-1	3	3	7	-5	-7	-3	4
4	9	8	4	-7	1	2	6	6	6

1 digits 7 numbers

1	2	3	4	5	6	7	8	9	10
4	5	4	1	5	9	9	6	6	4
6	1	7	9	8	3	7	5	9	8
6	2	9	-4	6	2	6	8	-2	-6
7	8	-8	9	3	3	-2	-4	-5	3
-4	-6	7	8	-8	9	2	3	9	2
-5	4	9	7	7	1	1	8	3	4
3	-5	-8	1	-2	-7	9	4	-6	4

11	12	13	14	15	16	17	18	19	20
4	6	5	2	3	6	4	3	8	5
9	5	7	9	3	5	9	7	3	9
-8	8	7	6	-5	-7	5	-1	7	2
3	9	8	-9	4	-3	8	9	5	7
7	3	-9	4	5	-2	-9	-4	5	-8
-5	8	6	8	8	9	-5	8	-3	-7
4	-2	-5	-6	7	8	6	-1	-9	5

21	22	23	24	25	26	27	28	29	30
6	4	1	9	4	2	5	6	9	3
6	8	9	6	3	6	7	-4	1	8
3	7	2	8	2	8	7	6	9	1
2	3	9	-3	8	-9	8	1	-7	-6
-7	-6	-5	5	7	3	7	9	-5	5
-5	-5	-4	-8	-8	2	5	2	8	8
3	8	6	9	7	6	-9	9	3	5

1 digits 7 numbers

1	2	3	4	5	6	7	8	9	10
4	1	4	5	9	2	7	9	5	8
3	8	5	6	-3	8	9	4	8	4
9	9	7	-7	2	9	6	1	8	5
-5	3	1	6	7	3	4	2	-6	-9
4	6	-8	-1	-5	-3	5	4	7	-9
9	8	2	8	8	5	8	-5	-3	7
6	-9	6	7	9	7	-5	8	-8	8

11	12	13	14	15	16	17	18	19	20
3	8	3	6	7	7	1	5	5	4
8	2	7	7	4	2	5	9	8	6
-7	-6	-2	-5	-5	9	9	8	3	8
9	9	-6	1	8	-5	8	-9	9	3
5	1	8	3	9	6	-7	-7	5	-6
-4	3	7	7	8	-5	-4	-4	-7	-9
5	8	5	1	1	4	8	2	5	8

21	22	23	24	25	26	27	28	29	30
7	5	9	3	8	9	9	3	5	9
5	7	3	5	-5	7	5	7	8	-4
6	4	-2	5	6	-6	1	2	8	8
7	4	5	2	1	8	9	-6	-6	9
9	-8	1	-8	3	-6	-7	7	7	2
8	4	-7	9	6	8	2	-8	9	6
8	7	8	9	-7	7	8	5	2	9

1 digits 7 numbers

1	2	3	4	5	6	7	8	9	10
4	5	9	6	4	3	8	9	5	6
9	8	1	5	8	5	9	4	2	4
-5	-7	1	2	6	-4	-7	7	8	9
9	1	6	6	-5	3	8	1	-6	7
-2	2	-8	-8	-5	6	7	-2	9	2
-1	-6	9	6	3	4	9	8	7	-8
8	7	7	7	1	9	-2	-5	1	5

11	12	13	14	15	16	17	18	19	20
6	6	3	8	8	2	1	6	2	9
3	3	5	6	8	3	9	9	7	5
8	4	9	1	6	4	3	7	9	-6
-4	-2	9	8	3	2	5	-5	-6	4
3	6	5	-9	4	6	3	4	-8	4
5	-7	-7	7	-4	8	4	7	3	7
-1	9	-9	-2	-9	-9	-2	-6	9	8

21	22	23	24	25	26	27	28	29	30
5	5	7	5	5	5	8	8	7	5
-1	8	7	6	8	9	3	8	4	8
3	6	9	-3	-3	9	4	-5	4	9
9	1	5	7	9	-6	2	-7	5	3
5	9	-8	-1	5	7	-5	-1	7	5
-1	-2	-4	2	-8	-5	6	6	6	-6
-7	9	9	-4	6	3	-3	6	-8	-3

1 digits 7 numbers

1	2	3	4	5	6	7	8	9	10
5	2	8	8	5	1	8	7	8	6
6	5	9	5	8	8	4	8	7	5
5	8	-7	-2	6	-6	8	-4	3	4
8	-4	-3	-7	9	3	-9	2	1	1
-7	6	1	4	5	2	2	-5	-9	6
-2	9	6	9	-8	7	-3	3	4	-8
6	5	6	-3	7	4	8	-1	9	9

11	12	13	14	15	16	17	18	19	20
9	4	4	5	6	7	9	8	9	6
5	5	9	8	9	9	2	6	4	8
6	7	5	1	3	3	8	-5	5	1
6	6	4	7	-2	1	4	8	4	-7
2	5	-8	6	3	2	8	-2	7	-3
-4	-4	-6	-9	-7	5	-7	-9	-6	8
1	7	1	-1	-1	-8	2	5	8	1

21	22	23	24	25	26	27	28	29	30
9	9	9	8	8	8	9	4	9	4
1	-2	7	8	8	9	6	9	8	6
8	-1	-8	-6	-4	3	6	8	-2	8
6	9	-5	4	-5	5	-5	2	6	-4
7	7	9	-3	6	5	3	1	7	7
8	8	-1	7	-4	-4	-8	-3	-9	-6
4	3	8	-6	7	-6	-2	-7	6	9

1 digits 7 numbers

1	2	3	4	5	6	7	8	9	10
6	3	5	2	7	9	9	7	8	9
7	2	7	8	2	3	8	9	7	2
-8	7	-3	2	5	5	-4	3	-2	7
2	7	-2	7	-3	2	9	8	9	-4
8	6	9	-9	-3	3	9	-5	-6	8
1	6	9	5	7	-6	-6	-9	2	6
4	6	8	3	8	-6	1	4	9	7

11	12	13	14	15	16	17	18	19	20
5	7	5	6	3	9	7	3	2	4
6	4	1	5	3	8	8	7	8	6
5	8	7	1	5	3	-6	7	-1	6
6	6	2	5	8	3	7	8	9	2
8	-4	-3	2	-9	7	5	-3	9	8
7	5	6	-7	5	-4	-4	-5	-7	-9
-3	-9	2	-3	6	-9	-6	9	5	5

21	22	23	24	25	26	27	28	29	30
2	9	8	7	2	9	6	9	9	9
3	5	-2	5	5	5	2	7	1	8
9	9	1	7	-6	-2	8	7	-3	-1
9	8	-7	6	-2	-6	7	-9	4	-6
-7	-7	-3	-8	9	5	-4	-3	5	1
-8	1	9	5	9	4	5	1	3	5
4	-9	8	6	-8	2	7	6	6	3

1 digits 7 numbers

1	2	3	4	5	6	7	8	9	10
3	4	7	2	8	5	6	6	9	6
6	8	3	5	9	2	5	9	7	6
8	5	2	9	6	8	1	3	9	6
-7	8	5	4	-5	8	9	7	-8	7
8	-7	-9	3	1	9	-3	-8	-3	5
9	9	4	3	6	-7	4	6	-5	3
5	6	5	-8	9	9	8	3	9	-9

11	12	13	14	15	16	17	18	19	20
3	7	5	7	6	3	9	6	3	6
7	9	6	1	4	4	-1	5	8	3
4	-2	5	4	8	9	3	2	4	7
6	8	9	2	6	8	-8	6	8	1
-9	4	9	-8	5	8	7	1	6	9
2	-3	8	9	1	6	-5	-7	3	4
8	2	-7	6	-7	-7	5	-3	-7	-5

21	22	23	24	25	26	27	28	29	30
3	5	6	9	3	1	6	9	6	7
9	7	8	2	4	9	8	7	8	8
4	8	-2	5	8	7	-4	9	-5	-3
3	9	7	4	6	6	-3	6	7	2
4	-7	6	-3	8	3	7	-8	9	6
-5	-2	7	-3	7	-8	5	-3	6	6
8	8	2	4	8	-4	9	9	-5	-5

1 digits 8 numbers

1	2	3	4	5	6	7	8	9	10
2	7	4	6	8	5	3	4	5	7
3	6	9	3	8	9	8	3	2	3
7	5	9	-8	7	5	3	6	5	3
-1	2	-4	7	-2	-7	4	9	5	5
-2	5	5	5	-9	6	8	-3	9	-3
-8	1	7	-6	5	5	3	8	-8	7
9	6	-8	4	9	-3	5	-6	4	-8
7	8	5	3	7	8	7	5	-7	4

11	12	13	14	15	16	17	18	19	20
1	5	5	2	2	9	7	7	1	8
9	7	7	1	3	9	3	2	7	6
7	1	3	6	9	4	9	9	3	-2
6	4	4	6	3	-6	-7	4	-4	4
2	3	1	-3	-9	7	6	7	7	9
7	-9	-8	5	4	-5	2	3	-5	2
2	5	-3	7	4	9	4	-8	4	4
-7	-1	6	1	3	-8	2	4	9	4

21	22	23	24	25	26	27	28	29	30
7	7	9	4	6	9	3	5	2	8
3	4	8	4	7	8	5	3	7	2
2	5	-4	2	4	9	7	5	4	5
-6	-6	2	6	6	-3	7	1	-9	-9
9	-3	9	2	1	5	-6	-6	-1	-6
-5	9	-4	-6	4	-4	9	9	7	8
6	4	8	-5	-9	-3	3	2	5	6
8	4	5	7	8	7	8	6	-8	5

1 digits 8 numbers

1	2	3	4	5	6	7	8	9	10
4	1	1	8	9	7	8	3	9	7
1	9	5	2	7	5	8	2	1	7
5	9	8	-6	-4	9	9	5	5	6
-8	-7	-4	8	5	-8	5	-4	6	2
5	8	7	8	3	7	-7	7	9	2
6	-4	-3	7	8	7	5	7	5	4
4	3	-2	-2	7	-2	-4	6	9	2
8	1	5	4	6	-3	-1	-5	6	9

11	12	13	14	15	16	17	18	19	20
9	3	4	2	3	6	9	4	9	9
6	8	6	3	9	6	-1	4	2	6
5	9	8	6	9	9	9	6	4	5
-2	-7	8	7	-5	5	2	3	-5	-3
-9	8	8	-8	-7	4	-1	-7	2	9
5	-3	-3	-3	6	-7	8	-3	1	-7
-6	4	-8	9	8	-3	7	5	5	8
5	6	9	8	4	4	-8	7	8	5

21	22	23	24	25	26	27	28	29	30
2	7	8	8	2	6	4	4	8	9
4	3	6	8	9	4	5	7	2	2
7	-4	4	2	5	4	6	1	9	3
5	9	8	7	2	4	9	-5	-3	3
-4	4	7	-2	-5	-8	-5	9	6	-4
-2	-6	-8	-9	-3	6	6	2	4	-2
7	-2	9	5	6	-7	-1	-5	6	1
2	5	-1	2	7	9	4	2	-5	4

1 digits 8 numbers

1	2	3	4	5	6	7	8	9	10
1	4	6	4	4	7	8	3	3	8
9	5	4	7	6	4	4	5	2	8
2	-2	2	-5	5	-3	-3	3	6	9
5	7	-5	3	-8	8	7	7	5	-4
-6	2	9	7	1	-5	4	9	1	-6
9	9	-7	-6	9	2	4	5	-5	4
7	4	8	9	8	6	-8	8	-6	6
-6	5	6	1	2	9	2	-4	2	8

11	12	13	14	15	16	17	18	19	20
8	4	3	8	3	2	8	6	5	4
1	6	4	2	2	7	5	-2	9	8
5	-5	7	2	8	6	-3	5	4	7
4	8	-8	8	-7	9	4	-3	-8	6
9	9	7	-9	-4	-3	8	2	-8	9
7	-5	9	-6	1	-5	4	9	3	-7
8	8	4	5	9	3	-4	6	7	-6
-5	8	2	-1	3	4	-9	7	5	8

21	22	23	24	25	26	27	28	29	30
1	9	2	4	1	8	5	4	6	5
3	5	4	5	4	1	7	9	8	6
5	8	6	3	7	-2	8	-5	7	8
-8	-9	-8	6	5	5	-6	-2	-9	3
-2	1	9	4	-3	-3	-5	8	6	-7
5	-5	-3	5	-9	6	4	-3	5	-3
8	6	7	-6	3	8	3	7	-3	5
7	-2	5	-2	8	9	8	6	9	4

1 digits 8 numbers

1	2	3	4	5	6	7	8	9	10
3	8	6	8	4	9	9	8	6	2
2	1	5	-3	1	6	-3	6	5	5
-1	1	7	6	-2	-8	8	2	4	8
6	5	6	5	3	5	9	-4	5	5
-5	2	8	7	6	7	-7	7	-9	-7
8	-3	-5	2	5	-3	6	5	-5	9
7	-1	8	5	-2	9	-2	-9	8	6
1	4	4	-6	9	8	9	5	8	9

11	12	13	14	15	16	17	18	19	20
4	2	5	7	7	3	2	3	6	1
2	8	4	3	5	3	3	7	5	4
9	-4	5	8	8	-1	6	-5	8	3
5	9	-6	8	-4	4	-4	3	7	-7
6	9	9	4	-7	3	7	8	-9	4
3	-5	4	-3	6	6	-9	-9	-7	7
-7	9	2	6	8	-5	1	-2	9	2
2	7	-8	-4	9	4	7	7	-2	3

21	22	23	24	25	26	27	28	29	30
4	8	9	2	8	9	7	4	4	6
9	7	3	4	7	1	4	7	7	6
5	-5	6	7	3	-5	2	6	7	6
2	6	-5	5	1	4	8	-8	-5	7
7	3	8	-2	-8	7	-4	4	6	5
-8	5	8	8	1	9	-5	9	-3	6
-6	3	-7	2	-4	-2	5	-8	8	-8
-4	5	-1	-5	8	5	5	9	5	3

1 digits 8 numbers

1	2	3	4	5	6	7	8	9	10
2	5	5	9	8	1	5	2	2	3
8	2	8	4	7	9	7	9	1	8
6	8	7	2	-3	3	8	7	8	8
-7	3	-9	-7	6	-4	5	-2	1	-6
3	4	8	-3	-8	3	8	-4	7	-9
-4	2	7	-2	4	-1	9	-3	4	7
7	-5	-5	8	9	5	7	7	3	2
9	-5	-4	2	2	-7	2	3	-4	3

11	12	13	14	15	16	17	18	19	20
5	5	5	8	6	7	8	8	3	8
3	9	8	5	8	6	2	7	7	5
-6	-4	1	-6	5	8	2	5	7	-2
7	9	-9	8	-4	-5	7	3	9	7
1	-4	7	4	-7	6	-9	-9	8	-1
7	2	-1	6	5	4	7	2	4	8
-9	-3	5	3	2	-1	-4	3	1	-5
3	6	2	-1	7	9	9	-4	3	1

21	22	23	24	25	26	27	28	29	30
1	6	2	8	9	9	8	2	5	8
3	5	4	7	2	-2	4	8	9	4
9	-7	6	-6	7	7	-3	3	-7	1
8	6	7	5	5	6	-1	5	8	9
-2	8	7	5	-9	1	7	1	5	-3
-6	7	4	-7	8	2	4	-6	3	7
3	8	5	9	7	-4	-9	2	-6	-5
5	9	2	9	3	2	1	-6	4	8

1 digits 8 numbers

1	2	3	4	5	6	7	8	9	10
5	4	9	3	5	5	6	6	8	6
7	6	3	7	9	8	5	5	-4	5
-6	4	8	5	-6	4	8	9	7	8
-3	9	4	6	5	5	8	-2	5	6
4	7	-7	-7	9	3	-4	4	8	9
7	-3	-6	2	9	7	1	8	-2	6
1	-7	5	-8	5	-2	-3	4	-6	7
3	5	2	9	6	1	6	-8	1	-9

11	12	13	14	15	16	17	18	19	20
2	5	2	8	3	9	4	5	1	7
9	2	1	8	4	2	9	5	3	7
3	6	8	-7	6	1	8	-2	4	5
-5	-8	7	8	9	6	2	5	6	3
4	9	-5	5	9	5	6	1	-5	-4
3	4	-8	9	-3	-7	-7	8	6	-6
-8	5	6	-4	-7	-2	5	-1	8	5
9	1	8	3	8	3	2	-2	1	2

21	22	23	24	25	26	27	28	29	30
2	6	4	7	4	7	6	8	8	2
3	4	6	5	1	-6	2	9	4	4
5	5	5	4	6	1	5	7	-9	5
6	3	2	1	7	7	7	5	3	1
9	-9	-9	-9	-8	7	9	-6	6	-3
6	6	3	-6	7	3	5	7	7	9
2	-8	8	2	6	5	-4	9	8	-6
-7	5	2	7	-8	3	3	5	-3	8

1 digits 8 numbers

1	2	3	4	5	6	7	8	9	10
1	9	2	7	3	3	9	7	8	5
5	-6	6	9	5	4	6	-3	3	8
6	2	9	8	-2	8	-1	5	5	6
4	-6	2	2	8	-6	9	3	2	9
-2	5	3	-6	8	2	-4	9	-6	8
4	7	-4	8	4	7	8	9	4	-7
4	4	3	5	-1	3	3	7	4	4
2	-3	-8	3	6	-1	-5	4	-6	9

11	12	13	14	15	16	17	18	19	20
7	6	1	3	8	4	3	7	8	4
1	4	8	4	8	2	1	8	6	9
8	9	-3	5	-7	5	4	-2	7	-1
-4	2	5	6	6	4	7	6	1	-5
-2	7	1	4	7	1	-6	5	-9	3
6	-5	5	4	-9	-9	9	-9	2	7
1	-2	3	-8	6	-6	-8	-7	-8	9
5	1	7	-5	8	3	5	1	4	4

21	22	23	24	25	26	27	28	29	30
9	9	3	8	8	9	9	9	9	5
6	7	5	6	7	8	7	8	3	6
-7	2	9	6	-6	8	9	-6	-7	9
5	6	7	9	9	7	-8	3	6	7
8	8	-4	-5	-7	4	-5	7	4	-8
3	3	-8	7	4	-7	6	-8	6	1
-4	4	3	4	-5	4	6	1	5	-3
5	-5	6	2	6	6	4	-3	-7	7

1 digit 9 numbers

1	2	3	4	5	6	7	8	9	10
3	1	6	9	7	3	3	2	2	6
8	3	4	3	4	7	8	9	8	8
6	9	-9	6	6	1	3	6	9	5
7	5	2	6	-8	6	-8	9	-3	-3
9	-2	4	9	2	8	7	-6	9	7
-5	-7	7	9	8	-9	7	4	5	-5
-9	6	2	9	9	6	-2	4	-8	3
9	-3	9	-4	6	-7	7	9	-6	9
8	7	2	-6	4	8	-6	-2	3	-1

11	12	13	14	15	16	17	18	19	20
3	2	7	5	5	2	1	4	6	2
4	6	3	2	5	1	5	4	7	3
7	-7	3	9	-7	4	4	3	-8	7
-5	3	3	-7	6	7	-6	6	3	5
4	8	6	6	-4	-9	6	-7	3	-6
-3	-3	-1	3	6	8	3	-2	-5	8
6	5	-4	9	8	7	6	6	6	7
-1	-1	9	-7	-4	-5	-4	1	1	-9
6	2	-2	4	5	9	-9	1	-8	6

21	22	23	24	25	26	27	28	29	30
7	7	4	7	3	2	3	1	3	5
8	5	4	-3	9	9	4	9	7	5
-5	-2	-1	2	2	4	-2	6	-1	-7
5	-6	-5	3	6	5	1	2	-2	3
6	7	3	2	7	8	-6	-6	6	5
9	1	9	9	-9	6	-3	5	9	-8
-6	-4	6	-8	2	-5	7	2	-5	9
7	-2	3	9	-6	-6	8	-5	5	-1
-9	6	-4	6	8	-7	2	9	-9	2

1 digit 9 numbers

1	2	3	4	5	6	7	8	9	10
9	4	1	7	9	5	6	9	8	8
7	6	5	-5	8	-2	3	-5	-1	8
-5	3	6	8	5	4	-1	-2	9	9
4	7	-8	7	-6	-3	-7	4	-6	4
7	9	4	-9	4	-1	4	2	-1	-1
2	3	9	-2	-9	7	7	2	4	-6
5	-7	-7	4	1	5	8	6	6	7
6	9	-2	-2	6	8	-3	4	9	-5
-4	-8	6	3	-3	-4	-2	-7	-3	8

11	12	13	14	15	16	17	18	19	20
8	9	7	5	9	9	5	1	9	9
9	6	3	8	-7	6	9	3	7	4
-7	-8	-6	9	3	2	6	6	1	-6
6	3	5	-1	3	-7	4	-3	4	-3
1	1	9	-2	2	5	-3	8	-7	8
4	-7	1	-3	8	4	7	-7	-5	5
6	6	7	6	9	1	-3	6	8	8
1	-2	3	7	-3	-2	-1	2	6	7
-7	8	-1	9	9	-7	5	3	5	8

21	22	23	24	25	26	27	28	29	30
7	9	5	4	8	7	7	9	7	9
9	1	6	-2	2	-6	4	5	5	2
8	9	3	5	-6	-4	-2	-8	6	-6
-2	-5	-9	-2	9	-8	-3	-1	7	7
6	2	-1	7	7	9	4	6	-6	4
-8	1	2	5	6	9	-3	6	7	-9
9	-7	8	-6	-8	-3	6	-8	8	8
2	4	-6	9	-3	0	6	7	-7	-6
6	3	3	3	6	-4	9	5	9	8

1 digit 9 numbers

1	2	3	4	5	6	7	8	9	10
2	4	9	7	7	7	9	1	1	4
4	6	2	5	3	-2	3	4	1	6
-5	8	1	-3	-6	3	2	4	5	5
3	3	5	6	9	9	-8	-7	9	-8
7	-4	-3	4	-7	6	4	6	-5	9
2	9	5	9	4	6	-2	-3	3	6
3	-7	2	-3	9	4	5	1	7	-7
-4	8	-9	-7	8	6	-6	8	1	9
7	5	8	8	-4	9	7	3	9	8

11	12	13	14	15	16	17	18	19	20
3	9	5	6	2	7	5	3	7	7
7	-2	9	4	3	5	7	2	3	3
2	6	-6	-5	6	-2	-3	7	9	2
7	-4	7	8	-3	6	1	-4	-6	2
-9	6	6	3	2	-2	8	6	7	-9
-2	1	-4	-9	3	-3	-3	-3	-9	4
9	2	2	1	-4	9	7	3	6	1
4	-5	5	-3	6	3	9	3	-5	8
7	7	7	9	6	3	-3	9	2	9

21	22	23	24	25	26	27	28	29	30
9	8	8	7	5	4	5	5	4	2
5	4	3	7	3	8	6	7	6	1
6	7	-6	8	2	7	-2	8	-3	9
-7	-2	9	8	-6	7	6	7	5	7
3	-3	7	-4	3	-6	1	-2	9	-3
2	6	9	6	7	9	7	8	2	-6
-5	9	-5	8	7	3	-5	-1	4	7
7	-5	6	-6	7	-7	-4	9	-5	1
9	7	6	7	-6	9	2	7	1	8

1 digit 9 numbers

1	2	3	4	5	6	7	8	9	10
9	3	5	9	9	2	9	5	3	9
4	2	8	8	1	9	9	2	7	7
7	8	2	7	-7	9	9	5	-2	5
2	-2	-9	-2	8	4	1	-4	5	3
-4	6	5	-9	-6	-8	5	7	2	-6
-9	-3	8	3	5	-4	2	-6	-7	5
7	6	-2	7	4	7	-4	-3	9	-8
3	-7	-7	-1	6	3	8	7	8	4
3	9	8	4	9	9	4	7	-2	3

11	12	13	14	15	16	17	18	19	20
6	5	8	9	5	9	3	7	8	7
7	8	5	7	8	6	5	6	9	2
5	-4	7	-8	-4	4	7	4	7	1
-8	3	-2	7	7	8	-6	3	4	-5
6	7	5	5	9	7	3	9	-6	8
1	4	-4	9	6	4	-5	-7	3	9
4	-3	7	-8	9	7	8	8	-4	6
8	6	8	3	5	9	7	7	9	-2
9	4	3	1	1	3	9	9	9	1

21	22	23	24	25	26	27	28	29	30
2	4	5	2	8	8	8	7	1	5
8	9	3	1	6	2	5	9	2	6
8	-7	7	7	7	5	-4	4	-4	-2
-4	8	5	6	9	7	7	-9	6	7
6	-5	-4	-8	7	-3	2	5	4	3
5	3	2	-3	-5	4	3	5	1	-2
5	6	7	7	-4	-1	6	-6	7	8
9	6	-9	9	6	5	-5	3	1	5
6	2	1	6	7	5	8	9	-5	6

1 digit 9 numbers

1	2	3	4	5	6	7	8	9	10
4	9	3	9	3	4	5	6	6	5
7	8	7	6	1	3	8	9	4	5
-3	6	5	5	6	9	5	5	5	5
1	2	8	9	4	-5	-3	7	7	9
8	2	3	-7	7	7	8	9	-4	3
7	3	-6	9	-9	1	-6	6	6	3
6	-5	7	3	8	6	5	7	8	-9
5	4	9	5	1	1	7	9	5	-3
9	7	-4	-8	-6	-3	5	8	-4	8

11	12	13	14	15	16	17	18	19	20
9	8	9	8	9	9	9	5	4	2
4	5	1	5	7	9	8	5	7	8
5	2	2	7	7	-8	7	5	7	6
6	6	3	-2	7	7	4	-9	-2	4
7	-4	-6	7	8	7	4	6	3	3
8	5	7	1	4	6	-7	7	7	5
-7	7	-3	-6	8	-5	-1	-9	5	1
5	7	9	2	-2	9	8	5	7	3
5	-4	8	4	-7	-6	9	5	-3	9

21	22	23	24	25	26	27	28	29	30
7	9	2	5	9	8	5	2	7	3
3	1	7	7	4	5	9	7	8	4
-5	7	1	4	9	-4	-7	8	7	5
2	3	8	-3	-8	8	5	9	6	-6
3	5	7	7	6	-4	1	-5	6	7
9	9	-9	8	-7	6	8	7	7	-6
8	-6	-5	7	4	5	6	6	-6	8
2	8	6	-9	5	-2	6	-4	-9	3
-7	7	1	1	5	9	1	9	2	7

1 digit 9 numbers

1	2	3	4	5	6	7	8	9	10
9	8	3	3	3	8	1	9	4	9
5	7	7	9	6	1	9	1	3	8
-3	7	2	-4	1	-2	6	6	8	6
8	4	-6	6	5	1	5	4	-7	4
7	5	5	5	-4	5	-8	-8	8	-5
7	8	3	-4	5	1	5	9	-6	4
2	-7	7	9	-3	8	6	5	4	-5
3	1	-6	8	6	5	-2	-7	8	6
-6	-5	8	6	7	5	4	3	-5	2

11	12	13	14	15	16	17	18	19	20
7	6	9	7	4	3	4	1	3	9
5	4	7	7	8	7	4	9	4	1
5	-5	-2	1	9	8	7	6	6	5
3	8	7	-5	-5	-2	2	9	-4	7
-6	7	2	7	2	9	3	-5	6	2
4	-9	-4	-6	-4	7	8	7	-4	-5
6	6	6	7	9	-2	4	-8	7	8
8	7	-5	8	7	-1	6	7	9	9
6	9	3	-4	-3	8	-3	5	8	4

21	22	23	24	25	26	27	28	29	30
6	4	2	2	7	7	3	8	9	1
5	4	4	9	9	5	9	5	7	7
7	6	4	6	8	5	9	7	5	5
8	3	2	-8	-6	4	-7	-3	-8	8
7	-8	-3	7	8	-7	-4	5	5	-3
-6	5	6	7	7	-3	7	-9	2	2
8	-6	-3	-6	-4	1	5	6	4	7
-4	8	-4	-8	-3	3	-3	-2	-8	1
2	2	1	7	2	2	6	9	5	9

1 digit 9 numbers

1	2	3	4	5	6	7	8	9	10
2	8	7	2	9	7	6	5	5	8
4	1	9	8	2	4	8	9	6	6
5	-3	-5	-3	7	6	5	-6	8	-9
2	-4	2	7	7	4	8	2	4	5
7	9	-6	8	8	7	6	-8	-7	3
6	5	4	7	2	6	-9	7	4	4
5	6	4	-3	-9	-5	1	9	6	-6
7	-2	4	6	5	-3	8	3	8	5
-9	9	9	-3	-6	9	4	1	-7	3

11	12	13	14	15	16	17	18	19	20
4	7	1	9	5	8	1	8	4	9
8	6	6	2	8	9	3	8	1	4
4	5	-4	7	7	-4	6	-7	7	-7
-6	4	5	-8	5	8	-5	8	-4	6
7	1	6	4	3	5	4	2	7	9
9	3	1	5	6	-7	-8	-5	5	5
1	-6	8	6	-9	6	9	7	7	-8
5	5	-3	-3	3	8	7	-2	-6	4
6	4	5	2	7	9	6	1	5	9

21	22	23	24	25	26	27	28	29	30
7	7	5	7	4	1	9	1	2	9
8	9	-3	6	7	4	5	6	3	6
5	8	9	5	3	8	-3	6	7	8
9	3	8	8	4	3	6	-3	5	-7
6	7	-2	7	6	4	8	-5	7	3
8	-6	-6	-9	9	-5	5	-3	-8	2
3	5	7	4	7	4	9	5	6	-6
-6	9	9	-3	-9	8	4	9	-5	2
-9	-2	2	4	7	-3	8	8	4	5

1 digit 9 numbers

1	2	3	4	5	6	7	8	9	10
8	3	5	9	9	7	8	2	1	9
4	8	-1	4	7	6	-4	9	8	5
3	-9	4	6	2	-5	6	6	-2	8
-1	6	-2	8	5	4	-5	9	6	6
7	3	5	8	-3	8	7	-8	7	3
-6	8	6	-3	6	7	6	5	2	-7
8	4	4	-9	-8	6	9	1	9	9
-4	5	7	8	5	8	2	-3	5	6
7	7	-9	-6	9	-9	2	-7	6	-4

11	12	13	14	15	16	17	18	19	20
9	2	8	2	3	7	7	4	6	9
-1	2	4	9	1	3	9	4	9	-7
3	7	4	-8	2	-4	2	-6	-5	5
-8	7	6	5	7	3	5	8	9	5
6	4	7	-3	5	-5	8	-7	1	9
1	4	-5	9	4	6	8	3	7	-3
3	7	-1	9	6	1	-4	5	9	5
6	-6	9	8	-2	8	-4	9	-3	5
8	-1	-5	1	4	8	6	-4	9	8

21	22	23	24	25	26	27	28	29	30
3	1	5	9	2	7	7	5	2	5
3	9	4	9	9	6	4	-2	2	8
7	5	4	3	5	1	4	4	9	7
3	-6	5	-5	8	4	1	9	2	3
4	9	9	4	-4	7	-3	7	5	-9
5	3	5	-2	9	1	2	2	9	6
1	8	5	6	7	9	-3	8	6	-4
7	5	8	9	8	-8	6	1	-8	9
6	9	7	-1	-5	4	8	4	9	2

1 digit 10 numbers

1	2	3	4	5	6	7	8	9	10
7	2	4	7	2	2	2	1	5	6
-3	5	4	6	9	4	3	9	2	5
7	8	-7	-5	7	7	6	2	8	3
3	4	2	8	-3	6	7	3	3	8
4	1	6	-2	5	4	9	7	6	4
4	-5	9	2	4	1	-8	-5	-4	-5
4	-4	-7	8	7	5	-3	8	7	7
8	7	6	9	5	8	7	-2	8	7
-9	7	8	-7	5	-6	6	3	-5	4
6	9	6	8	1	1	-4	9	6	-6

11	12	13	14	15	16	17	18	19	20
2	1	1	9	4	3	3	8	9	8
8	8	3	8	3	2	2	2	6	6
6	9	6	9	4	7	6	7	7	5
9	-4	3	-4	8	-4	5	-4	-5	6
-3	9	4	-2	-5	8	2	9	7	3
2	-2	1	6	-3	8	5	6	8	-3
6	7	-2	4	7	6	8	5	-3	5
-7	-5	-1	-2	7	7	-5	9	-3	6
8	8	-6	7	9	-9	6	-6	5	4
9	3	1	-3	7	-2	-4	5	1	-9

21	22	23	24	25	26	27	28	29	30
6	7	3	8	2	9	9	2	4	3
7	6	3	3	4	8	5	7	8	1
6	8	7	9	6	9	9	5	6	3
5	2	8	-5	9	9	-4	7	5	8
2	8	-9	-3	5	-4	6	-8	2	5
1	2	-4	6	5	3	1	4	-9	-7
-7	3	2	9	6	3	-3	-2	-3	4
4	7	6	1	-2	-9	-8	9	7	9
8	-9	5	-5	-3	7	7	-6	6	-6
3	-2	7	8	7	4	9	8	3	1

1 digit 10 numbers

1	2	3	4	5	6	7	8	9	10
2	2	5	1	8	2	3	7	7	3
3	9	1	4	9	3	4	3	4	5
3	8	2	7	6	7	9	6	4	6
3	3	7	-6	4	3	8	7	7	8
6	-7	6	8	9	-4	6	3	9	6
-7	6	-7	6	-7	5	-7	2	7	-7
6	-2	6	9	6	7	6	9	6	8
8	-3	7	-7	7	3	-5	-5	5	6
-4	5	7	4	2	-6	3	7	-8	9
6	-6	-3	9	5	-4	4	9	3	9

11	12	13	14	15	16	17	18	19	20
4	5	4	4	6	2	5	1	2	7
4	7	4	7	7	8	-1	9	8	7
7	6	5	-8	8	5	5	-4	-5	-8
-6	8	7	2	5	8	8	8	9	-3
7	-7	-6	7	-4	-6	6	8	7	7
-5	-4	9	-5	-2	3	5	-4	6	7
3	9	8	6	6	7	7	5	9	8
5	5	3	8	-3	-6	9	6	-4	-3
-2	3	-7	5	7	9	-8	8	-5	6
6	5	9	-4	5	8	9	-9	8	9

21	22	23	24	25	26	27	28	29	30
5	7	9	9	4	7	3	5	4	3
6	7	1	7	4	5	2	8	3	6
6	5	-6	-6	6	9	6	5	2	8
8	-6	7	-5	2	3	5	8	6	3
-4	9	8	7	-9	-8	2	5	6	-7
9	5	-3	8	5	7	-8	1	-7	-2
-7	8	-4	8	-8	4	-3	-6	-8	4
4	7	1	3	5	2	5	8	6	5
2	-3	7	-5	7	-8	1	-3	5	9
8	6	9	9	-2	7	7	7	8	8

1 digit 10 numbers

1	2	3	4	5	6	7	8	9	10
1	1	3	5	8	8	5	5	3	8
9	4	4	8	5	5	8	-1	7	8
5	9	8	9	8	-9	8	2	5	2
9	7	9	7	4	4	-4	7	6	-6
-7	-3	7	4	3	5	-6	8	-7	9
8	6	2	-5	-9	7	7	-4	4	5
4	4	5	9	-1	-4	3	2	8	7
-6	-7	-7	8	-7	5	6	9	3	-2
5	-5	8	-7	8	3	9	8	8	4
9	9	5	9	9	4	9	2	5	3

11	12	13	14	15	16	17	18	19	20
7	9	6	4	7	6	4	6	6	2
5	-3	7	8	7	5	6	7	5	8
4	4	-4	1	2	9	-2	9	8	4
8	8	5	7	8	-5	7	8	-3	8
7	8	7	6	6	9	1	-3	5	5
7	8	8	9	-4	-7	-3	3	7	-6
-5	3	-6	-4	2	-4	9	-2	-6	9
-6	3	4	-8	-8	9	9	4	9	-6
-5	-9	7	5	4	4	6	-3	6	4
8	8	5	2	7	2	7	5	-3	9

21	22	23	24	25	26	27	28	29	30
8	3	2	5	9	1	4	7	8	9
9	8	9	9	-3	8	2	-3	6	2
5	-6	5	2	4	3	6	7	8	4
6	8	9	-3	-5	8	5	5	4	6
-3	-7	-2	2	7	-4	9	-2	9	8
9	8	6	5	9	8	-5	-9	7	3
8	9	7	7	4	5	-2	8	-3	-7
-4	-3	2	3	-3	4	8	5	-3	-4
-7	5	-8	-6	5	-7	5	6	6	2
6	7	5	8	7	9	6	8	-9	6

1 digit 10 numbers

1	2	3	4	5	6	7	8	9	10
2	7	5	6	2	9	7	8	7	1
6	-2	9	7	3	8	8	9	4	9
6	7	1	-4	8	5	9	-2	-8	5
-7	8	9	2	9	4	-5	6	4	7
5	3	1	2	4	-8	6	4	6	2
3	-9	7	-3	-7	7	1	-5	2	7
-4	8	-3	5	3	-5	7	4	8	9
6	-3	1	6	5	2	-8	-6	-7	-2
8	2	-5	-7	6	9	4	4	5	8
7	8	8	8	2	5	1	7	6	-4

11	12	13	14	15	16	17	18	19	20
9	7	2	1	5	8	4	2	8	4
4	6	3	4	-1	8	4	8	6	9
5	-5	-1	9	6	7	5	5	4	7
6	6	7	7	6	7	6	7	5	6
-7	-2	-4	-3	7	-5	7	-3	-7	-8
6	0	6	6	-5	9	-3	9	-1	7
1	7	7	8	4	-5	6	4	2	6
-3	3	8	5	3	6	-3	5	2	-9
8	-4	-4	7	9	4	8	7	5	1
8	6	2	-2	-6	8	7	8	-1	5

21	22	23	24	25	26	27	28	29	30
7	7	2	8	1	9	1	3	3	9
7	7	6	1	2	-1	3	9	7	6
8	7	9	4	4	5	8	4	9	-1
-6	-4	-8	3	6	-6	-6	7	9	4
8	2	9	8	7	5	8	-8	8	1
5	3	4	6	-3	4	5	3	-4	5
8	-1	-7	1	8	4	7	7	-7	7
7	-9	9	-6	5	-5	2	-9	8	-8
-4	6	9	5	4	-2	-4	7	8	-1
9	5	-6	-3	-3	7	5	8	9	2

1 digit 10 numbers

1	2	3	4	5	6	7	8	9	10
3	3	2	5	9	1	5	1	4	5
8	9	8	8	2	9	9	8	6	6
3	6	-3	3	4	-4	4	8	-3	-8
-4	5	5	4	7	8	6	-5	7	4
9	7	5	-2	6	3	3	3	4	6
2	9	7	5	-4	8	8	6	8	-4
-6	8	3	7	9	-5	-9	2	-6	5
9	-4	-8	7	7	2	3	2	8	5
4	3	6	6	-4	8	2	7	9	-4
-8	5	6	4	6	9	-7	2	4	8

11	12	13	14	15	16	17	18	19	20
2	2	3	4	4	2	4	1	4	2
4	3	7	9	5	4	6	4	9	7
-3	6	2	3	7	7	9	4	2	9
7	4	4	7	-9	-5	-5	8	6	-2
-3	-5	-7	-4	6	8	7	-9	-5	7
7	5	8	-5	7	-7	2	8	7	5
5	7	5	8	8	4	2	4	2	6
8	7	4	7	-2	2	5	7	4	-9
-2	-3	-9	3	8	2	3	6	4	8
4	6	8	1	3	3	-6	-2	-6	3

21	22	23	24	25	26	27	28	29	30
7	9	8	6	8	4	8	9	8	6
9	5	6	6	7	9	9	9	9	7
7	3	6	-9	4	8	3	4	8	-4
-4	-8	9	4	7	2	-2	-9	-6	8
1	6	2	5	8	7	-9	-7	2	-5
-7	3	3	3	5	-4	6	7	8	7
-4	4	-7	8	7	-4	5	3	7	4
9	-2	3	-6	-6	8	8	5	-6	7
4	9	-7	3	-9	5	2	3	-3	2
5	5	5	4	3	6	2	6	8	5

1 digit 10 numbers

1	2	3	4	5	6	7	8	9	10
9	8	5	6	3	4	2	8	4	9
7	6	4	7	2	4	4	3	7	8
2	-2	5	2	8	6	7	4	6	-4
4	1	8	8	3	6	1	8	-4	9
5	-2	-6	9	3	9	-6	4	-5	5
-6	4	-7	-2	3	-3	1	5	2	5
3	9	8	3	9	4	7	5	5	-7
2	8	9	6	-6	-7	-3	6	9	6
-6	3	5	-5	3	9	5	5	5	4
9	8	9	2	-5	8	9	-9	-6	8

11	12	13	14	15	16	17	18	19	20
5	5	6	8	5	5	1	1	3	3
8	6	4	9	8	8	9	9	8	4
6	4	8	5	-6	6	2	4	9	2
3	9	-9	4	3	-3	4	4	8	7
-7	5	7	-7	2	2	6	-5	6	4
5	9	8	6	3	6	3	2	-7	-5
-9	7	6	5	9	-1	-5	9	4	6
4	4	8	4	4	3	3	3	3	1
6	-8	-3	5	9	5	8	7	-5	7
8	-6	-5	-7	-5	8	4	-5	4	1

21	22	23	24	25	26	27	28	29	30
5	3	1	6	8	6	5	9	6	4
7	3	9	4	5	5	8	4	6	3
9	4	-3	-5	4	5	5	-6	7	7
4	-5	4	6	7	7	1	5	8	3
4	9	4	6	2	-8	7	-9	-9	1
5	3	7	7	1	5	1	5	8	-9
-2	-6	3	3	-3	9	8	1	-2	8
-8	8	6	-6	7	5	6	6	5	4
4	-2	3	1	9	6	-9	-8	6	6
9	8	-2	4	4	-8	5	4	7	4

1 digit 10 numbers

1	2	3	4	5	6	7	8	9	10
9	4	4	5	6	2	5	9	1	2
-4	9	6	9	-3	8	6	6	9	8
7	6	6	4	5	-5	4	9	1	8
8	4	5	-5	3	8	7	-7	4	5
3	3	-1	8	4	7	4	6	7	-3
7	1	7	-4	7	-4	-9	-5	3	-5
4	9	-9	5	-2	-2	1	4	-4	7
-5	-5	5	8	-3	9	9	2	5	7
8	7	3	6	5	3	7	-3	3	-2
-5	-3	4	4	4	4	-8	8	4	-6

11	12	13	14	15	16	17	18	19	20
4	4	5	4	1	6	9	6	5	5
1	1	6	8	4	5	6	5	5	8
9	4	2	4	-3	-3	2	9	-4	7
9	-5	-6	9	5	4	-5	1	7	6
-8	4	4	-7	-7	7	3	2	8	7
7	8	-8	9	8	4	2	-8	7	-4
-3	8	3	5	5	7	6	9	-6	8
6	-3	2	-6	-2	-9	1	6	4	6
4	-3	2	5	9	7	9	-6	5	7
9	1	8	3	8	4	-3	-8	7	-3

21	22	23	24	25	26	27	28	29	30
4	7	8	6	9	2	3	3	9	6
3	4	3	2	8	4	1	2	2	4
7	4	4	2	9	5	9	6	5	-2
2	7	-7	2	-7	6	7	9	5	5
5	-6	5	5	8	8	-5	-8	5	-2
3	7	6	-7	2	-2	6	1	-6	-6
4	1	4	9	-4	3	7	-4	3	8
-3	-5	5	-4	6	2	2	7	1	4
-8	-9	-4	6	5	-7	7	6	-3	7
5	3	7	8	3	5	6	8	7	8

1 digit 10 numbers

1	2	3	4	5	6	7	8	9	10
5	4	6	6	1	9	7	6	3	3
4	9	-2	8	5	7	8	9	2	8
5	5	9	4	8	7	6	7	7	4
-9	2	7	-5	5	3	-5	9	4	9
8	3	-6	4	-7	-5	7	7	-3	2
2	8	1	-3	8	-6	7	4	6	-3
-7	-7	1	-1	3	2	6	6	8	-4
6	5	-2	4	-7	7	-5	-4	-5	2
4	6	6	5	3	4	-3	3	6	-7
8	5	7	5	8	-5	8	-8	7	6

11	12	13	14	15	16	17	18	19	20
4	9	2	4	6	5	5	9	7	6
6	8	4	6	-2	7	-3	1	5	1
5	5	5	-2	6	8	4	-7	-8	5
6	4	-9	7	5	-9	3	5	4	9
-3	-5	8	9	8	-3	4	8	2	6
7	-6	6	4	3	8	9	5	-7	-2
-1	7	7	7	7	7	8	7	4	7
-5	1	3	6	-4	1	5	-3	9	4
6	-5	-2	-5	7	2	7	4	8	2
7	8	4	4	5	-4	-6	2	6	7

21	22	23	24	25	26	27	28	29	30
3	3	8	8	5	1	6	2	5	2
2	3	3	2	9	7	7	9	9	4
6	6	1	7	7	4	7	5	3	8
4	5	6	9	1	8	8	5	6	2
-1	9	5	6	3	-3	2	-4	-7	-7
3	5	9	4	-4	6	-5	2	5	8
7	-6	8	-5	2	-3	7	8	8	2
-6	9	7	2	-5	7	5	5	6	2
7	9	9	-1	1	9	4	-4	-7	6
-3	-3	3	7	2	2	-3	9	4	4

1 digit 10 numbers

1	2	3	4	5	6	7	8	9	10
9	8	8	7	7	4	9	8	1	7
2	4	3	5	5	2	6	9	2	3
9	7	-6	3	2	5	3	4	7	3
2	2	9	-6	7	4	8	7	4	4
-7	2	7	8	9	-6	7	-3	-8	5
2	8	-4	2	-3	8	-2	9	9	-9
6	7	3	7	7	7	8	7	5	7
8	4	7	-5	-6	9	-5	6	-3	6
1	6	6	4	8	4	7	9	2	5
4	7	5	-2	9	-5	2	1	1	4

11	12	13	14	15	16	17	18	19	20
5	2	4	1	8	6	2	1	5	7
6	4	8	9	8	4	2	8	9	2
7	6	6	5	4	8	9	6	8	9
3	5	9	6	-7	-5	2	5	8	6
2	-2	4	4	4	9	1	-7	-5	4
-8	3	-3	-9	3	5	-3	4	4	-3
4	5	8	5	-9	-8	6	3	2	-5
6	8	-4	8	-6	4	-3	2	-5	9
9	-6	7	6	3	6	9	4	9	4
-2	9	7	9	5	7	-6	5	7	3

21	22	23	24	25	26	27	28	29	30
9	5	9	8	9	1	4	9	6	3
8	5	7	7	7	9	7	4	4	9
6	6	2	6	7	-5	2	2	8	7
-3	-8	5	-5	6	7	2	6	3	6
5	3	4	8	-5	8	-5	2	1	4
9	-4	-3	8	8	-2	-8	-9	3	3
4	2	6	-2	7	-6	3	8	-4	-8
-6	9	8	1	3	8	1	5	6	7
8	6	9	-7	4	5	6	6	-5	-5
7	3	-1	8	2	3	4	-4	7	8

1 digit 10 numbers

1	2	3	4	5	6	7	8	9	10
3	8	5	7	2	8	4	5	2	9
8	8	3	5	1	1	1	2	9	9
4	-5	5	3	4	6	8	6	4	7
-3	7	6	9	8	3	4	7	9	-8
5	8	7	3	7	6	-6	7	2	5
2	6	3	-6	-2	-8	-7	-2	4	9
9	1	4	7	5	-4	2	-9	-8	5
-7	4	-8	4	-8	5	8	5	4	3
8	3	5	-1	7	6	9	4	-5	-7
4	-5	7	2	5	2	7	-3	3	4

11	12	13	14	15	16	17	18	19	20
5	1	7	5	3	4	8	2	2	8
9	9	8	3	5	4	5	7	4	3
3	5	9	2	7	5	4	6	6	-2
3	8	4	3	8	9	7	2	-7	1
-9	9	-6	4	8	4	-6	-4	8	-3
4	4	7	-6	2	-9	3	3	7	7
5	-7	3	8	4	6	5	5	4	4
6	8	5	7	6	7	5	-9	4	6
9	2	5	5	9	-8	6	6	-9	7
-1	2	7	1	5	4	7	8	4	6

21	22	23	24	25	26	27	28	29	30
3	2	4	7	1	6	7	9	8	7
9	3	-1	1	7	3	6	9	7	7
9	7	4	9	-3	-5	3	-3	3	2
-6	6	-3	9	5	3	4	8	3	9
8	2	4	-7	8	3	7	4	8	-5
3	-4	2	5	4	6	-8	6	-2	-3
7	8	8	-8	-6	-8	9	-7	-7	6
4	2	9	5	-3	2	4	5	3	-4
8	5	7	4	8	4	6	4	1	5
1	1	-5	6	4	3	7	2	-5	8

Yay.......

You MADE it!

Let's move on to

2 Digits 34 Exercises

Answer Key

1 digit 6 numbers p.1

1	2	3	4	5	6	7	8	9	10
18	9	14	22	21	15	17	15	18	14
11	12	13	14	15	16	17	18	19	20
21	11	11	18	20	7	8	10	17	26
21	22	23	24	25	26	27	28	29	30
17	20	25	8	10	24	32	17	15	11

1 digit 6 numbers p.2

1	2	3	4	5	6	7	8	9	10
17	3	18	15	14	13	15	15	17	20
11	12	13	14	15	16	17	18	19	20
19	16	18	23	19	28	28	24	14	28
21	22	23	24	25	26	27	28	29	30
18	20	24	26	16	10	3	6	7	22

1 digit 6 numbers p.3

1	2	3	4	5	6	7	8	9	10
30	7	9	31	23	34	14	26	10	21
11	12	13	14	15	16	17	18	19	20
33	16	35	7	32	27	11	16	19	12
21	22	23	24	25	26	27	28	29	30
5	13	10	13	9	17	21	16	18	18

1 digit 6 numbers p.4

1	2	3	4	5	6	7	8	9	10
10	9	19	14	16	19	7	16	24	28
11	12	13	14	15	16	17	18	19	20
25	19	31	10	5	21	24	31	3	21
21	22	23	24	25	26	27	28	29	30
21	24	16	19	30	18	15	26	22	17

1 digit 6 numbers p.5

1	2	3	4	5	6	7	8	9	10
27	21	26	22	20	13	27	31	16	23
11	12	13	14	15	16	17	18	19	20
33	18	18	27	18	27	35	21	4	16
21	22	23	24	25	26	27	28	29	30
20	22	19	28	19	22	16	17	18	16

1 digit 7 numbers p.6

1	2	3	4	5	6	7	8	9	10
17	9	20	31	19	20	32	30	14	19
11	12	13	14	15	16	17	18	19	20
14	37	19	14	25	32	18	21	16	13
21	22	23	24	25	26	27	28	29	30
8	19	18	26	23	18	30	29	18	24

1 digit 7 numbers p.7

1	2	3	4	5	6	7	8	9	10
30	26	17	24	27	31	34	23	11	14
11	12	13	14	15	16	17	18	19	20
19	25	22	20	32	18	20	4	28	14
21	22	23	24	25	26	27	28	29	30
50	23	17	25	12	27	27	10	33	39

1 digit 7 numbers p.8

1	2	3	4	5	6	7	8	9	10
22	10	25	24	12	26	32	22	26	25
11	12	13	14	15	16	17	18	19	20
20	19	15	19	16	16	23	22	16	31
21	22	23	24	25	26	27	28	29	30
13	36	25	12	22	22	15	15	25	21

1 digit 7 numbers p.9

1	2	3	4	5	6	7	8	9	10
21	31	20	14	32	19	18	10	23	23
11	12	13	14	15	16	17	18	19	20
25	30	9	17	11	19	26	11	31	14
21	22	23	24	25	26	27	28	29	30
43	33	19	12	16	20	9	14	25	24

1 digit 7 numbers p.10

1	2	3	4	5	6	7	8	9	10
20	37	33	18	23	10	26	17	27	35
11	12	13	14	15	16	17	18	19	20
34	17	20	9	21	17	11	26	25	22
21	22	23	24	25	26	27	28	29	30
12	16	14	28	9	17	31	18	25	19

1 digit 7 numbers p.11

1	2	3	4	5	6	7	8	9	10
32	33	17	18	34	34	30	26	18	24
11	12	13	14	15	16	17	18	19	20
21	25	35	21	23	31	10	10	25	25
21	22	23	24	25	26	27	28	29	30
26	28	34	18	44	14	28	29	26	21

1 digit 8 numbers p.12

1	2	3	4	5	6	7	8	9	10
25	20	17	29	41	22	23	21	50	39
11	12	13	14	15	16	17	18	19	20
13	28	32	24	27	24	25	19	26	32
21	22	23	24	25	26	27	28	29	30
21	16	33	21	23	18	28	15	27	16

1 digit 8 numbers p.13

1	2	3	4	5	6	7	8	9	10
17	40	27	14	33	28	41	26	15	18
11	12	13	14	15	16	17	18	19	20
27	15	15	25	19	19	26	28	22	35
21	22	23	24	25	26	27	28	29	30
24	24	33	14	27	28	36	25	7	19

1 digit 8 numbers p.14

1	2	3	4	5	6	7	8	9	10
21	34	23	20	27	28	18	36	8	33
11	12	13	14	15	16	17	18	19	20
37	33	28	9	15	23	13	30	17	29
21	22	23	24	25	26	27	28	29	30
19	13	22	19	16	32	24	24	29	21

1 digit 8 numbers p.15

1	2	3	4	5	6	7	8	9	10
21	17	39	24	24	33	29	20	22	37
11	12	13	14	15	16	17	18	19	20
24	35	15	29	32	17	13	12	17	17
21	22	23	24	25	26	27	28	29	30
9	32	21	21	16	28	22	23	29	31

1 digit 8 numbers p.16

1	2	3	4	5	6	7	8	9	10
24	14	17	13	25	9	51	19	22	16
11	12	13	14	15	16	17	18	19	20
11	20	18	27	22	34	22	15	42	21
21	22	23	24	25	26	27	28	29	30
21	42	37	30	32	21	11	9	21	29

1 digit 8 numbers p.17

1	2	3	4	5	6	7	8	9	10
18	25	18	17	42	31	27	26	17	38
11	12	13	14	15	16	17	18	19	20
17	24	19	30	29	17	29	19	24	19
21	22	23	24	25	26	27	28	29	30
26	12	21	11	15	27	33	44	24	20

1 digit 8 numbers p.18

1	2	3	4	5	6	7	8	9	10
24	12	13	36	31	20	25	41	14	42
11	12	13	14	15	16	17	18	19	20
22	22	27	13	27	4	15	9	11	30
21	22	23	24	25	26	27	28	29	30
25	34	21	37	16	39	28	11	19	24

1 digit 9 numbers p.19

1	2	3	4	5	6	7	8	9	10
36	19	27	41	38	23	19	35	19	29
11	12	13	14	15	16	17	18	19	20
21	15	24	24	20	24	6	16	5	23
21	22	23	24	25	26	27	28	29	30
22	12	19	27	22	16	14	23	13	13

1 digit 9 numbers p.20

1	2	3	4	5	6	7	8	9	10
31	26	14	11	15	19	15	13	25	32
11	12	13	14	15	16	17	18	19	20
21	16	28	38	33	11	29	19	28	40
21	22	23	24	25	26	27	28	29	30
37	17	11	23	21	0	28	21	36	17

1 digit 9 numbers p.21

1	2	3	4	5	6	7	8	9	10
19	32	20	26	23	48	14	17	31	32
11	12	13	14	15	16	17	18	19	20
28	20	31	14	21	26	28	26	14	27
21	22	23	24	25	26	27	28	29	30
29	31	37	41	22	34	16	48	23	26

1 digit 9 numbers p.22

1	2	3	4	5	6	7	8	9	10
22	22	18	26	29	31	43	20	23	22
11	12	13	14	15	16	17	18	19	20
38	30	37	25	46	57	31	46	39	27
21	22	23	24	25	26	27	28	29	30
45	26	17	27	41	32	30	27	13	36

1 digit 9 numbers p.23

1	2	3	4	5	6	7	8	9	10
44	36	32	31	15	23	34	66	33	26
11	12	13	14	15	16	17	18	19	20
42	32	30	26	41	28	41	20	35	41
21	22	23	24	25	26	27	28	29	30
22	43	18	27	27	31	34	39	28	25

1 digit 9 numbers p.24

1	2	3	4	5	6	7	8	9	10
32	28	23	38	26	32	26	22	17	29
11	12	13	14	15	16	17	18	19	20
38	33	23	22	27	37	35	31	35	40
21	22	23	24	25	26	27	28	29	30
33	18	9	16	28	17	25	26	21	37

1 digit 9 numbers p.25

1	2	3	4	5	6	7	8	9	10
29	29	28	29	25	35	37	22	27	19
11	12	13	14	15	16	17	18	19	20
38	29	25	24	35	42	23	20	26	31
21	22	23	24	25	26	27	28	29	30
31	40	29	29	38	24	51	24	21	22

1 digit 9 numbers p.26

1	2	3	4	5	6	7	8	9	10
26	35	19	25	32	32	31	14	42	35
11	12	13	14	15	16	17	18	19	20
27	26	27	32	30	27	37	16	42	36
21	22	23	24	25	26	27	28	29	30
39	43	52	32	39	31	26	38	36	27

1 digit 10 numbers p.27

1	2	3	4	5	6	7	8	9	10
31	34	31	34	42	32	25	35	36	33
11	12	13	14	15	16	17	18	19	20
40	34	10	32	41	26	28	41	32	31
21	22	23	24	25	26	27	28	29	30
35	32	28	31	39	39	31	26	29	21

1 digit 10 numbers p.28

1	2	3	4	5	6	7	8	9	10
26	15	31	35	49	16	31	48	44	53
11	12	13	14	15	16	17	18	19	20
23	37	36	22	35	38	45	28	35	37
21	22	23	24	25	26	27	28	29	30
37	45	29	35	14	28	20	38	25	37

1 digit 10 numbers p.29

1	2	3	4	5	6	7	8	9	10
37	25	44	47	28	28	45	38	42	38
11	12	13	14	15	16	17	18	19	20
30	39	39	30	31	28	44	34	34	37
21	22	23	24	25	26	27	28	29	30
37	32	35	32	34	35	38	32	33	29

1 digit 10 numbers p.30

1	2	3	4	5	6	7	8	9	10
32	29	33	22	35	36	30	29	27	42
11	12	13	14	15	16	17	18	19	20
37	24	26	42	28	47	41	52	23	28
21	22	23	24	25	26	27	28	29	30
49	23	27	27	31	20	29	31	50	24

1 digit 10 numbers p.31

1	2	3	4	5	6	7	8	9	10
20	51	31	47	42	39	24	34	41	23
11	12	13	14	15	16	17	18	19	20
29	32	25	33	37	20	27	31	27	36
21	22	23	24	25	26	27	28	29	30
27	34	28	24	34	41	32	30	35	37

1 digit 10 numbers p.32

1	2	3	4	5	6	7	8	9	10
29	43	40	36	23	40	27	39	23	43
11	12	13	14	15	16	17	18	19	20
29	35	30	32	32	39	35	29	33	30
21	22	23	24	25	26	27	28	29	30
37	25	32	26	44	32	37	11	42	31

1 digit 10 numbers p.33

1	2	3	4	5	6	7	8	9	10
32	35	30	40	26	30	26	29	33	21
11	12	13	14	15	16	17	18	19	20
38	19	18	34	28	32	30	16	38	47
21	22	23	24	25	26	27	28	29	30
22	13	31	29	39	26	43	30	28	32

1 digit 10 numbers p.34

1	2	3	4	5	6	7	8	9	10
26	40	27	27	27	23	36	39	35	20
11	12	13	14	15	16	17	18	19	20
32	26	28	40	41	22	36	31	30	45
21	22	23	24	25	26	27	28	29	30
22	40	59	39	21	38	38	37	32	31

1 digit 10 numbers p.35

1	2	3	4	5	6	7	8	9	10
36	55	38	23	45	32	43	57	20	35
11	12	13	14	15	16	17	18	19	20
32	34	46	44	13	36	19	31	42	36
21	22	23	24	25	26	27	28	29	30
47	27	46	32	48	28	16	29	29	34

1 digit 10 numbers p.36

1	2	3	4	5	6	7	8	9	10
33	35	37	33	29	25	30	22	24	36
11	12	13	14	15	16	17	18	19	20
34	41	49	32	57	26	44	26	23	37
21	22	23	24	25	26	27	28	29	30
46	32	29	31	25	17	45	37	19	32

www.ingramcontent.com/pod-product-compliance
Lightning Source LLC
Chambersburg PA
CBHW081304040426
42452CB00014B/2646